AF263801

NOUVELLE THÉORIE

DES

RESSEMBLANCES

PARIS. — IMPRIMERIE VALLÉE, 15, RUE BREDA.

NOUVELLE THÉORIE

DES

RESSEMBLANCES

ÉTUDE PHYSIOLOGIQUE

SUR

LES PREUVES DE LA PATERNITÉ

LES MARIAGES CONSANGUINS

ET L'ORIGINE DE CERTAINES POPULATIONS

PARIS

LIBRAIRIE DU PETIT JOURNAL

21, BOULEVARD MONTMARTRE

1867

NOUVELLE THÉORIE

DES

RESSEMBLANCES

Depuis quelques années les savants recherchent avec plus d'ardeur que jamais tout ce qui peut jeter quelque lumière nouvelle sur l'origine des peuples répandus sur le continent européen.

C'est surtout à l'aide de la linguistique, en comparant certains mots qui paraissent avoir une origine commune, que l'on a essayé de remonter jusqu'au point d'où les divers peuples semblent être partis pour venir s'établir dans les contrées désertes ou faiblement habitées de la Germanie, des Gaules, de l'Hispanie, etc.

Il y a d'autres indices qui, réunis à celui que présente le langage, viennent donner plus de probabilité encore à celui-ci. Ce sont, entre autres, les mœurs et les usages ; quelques traces d'un culte primitif , ainsi que certaines connaissances que se transmirent de génération en génération les peuplades envahissantes.

Les nations conquises ont aussi leurs souvenirs qu'elles conservent précieusement.

Mais parmi tous ces vestiges d'une origine commune, il en est un dont les savants ont négligé de s'occuper et qui pourtant, est de nature à diminuer l'obscurité qui règne sur cet intéressant sujet.

Permettez-moi donc, monsieur, de vous soumettre cette petite étude sur les ressemblances. Elle est le fruit de mes nombreuses recherches et vous intéressera, je l'espère, car elle rentre dans les sujets que vous avez déjà traités avec ce charme que vous savez répandre sur les questions les plus arides.

Il est inutile de vous prévenir que ma nouvelle théorie des ressemblances n'a rien de commun avec celle du baron de Machado. Ce savant portugais, grand partisan du système de Pythagore sur la métempsycose, n'avait qu'un but, celui d'établir une similitude parfaite entre l'homme et les animaux, et la transmigration des âmes des premiers dans le corps des seconds.

Avant d'arriver à la partie scientifique de mon petit travail, je crois devoir présenter la question des ressemblances sous son aspect le plus vulgaire, c'est-à-dire le plus facile à saisir et à vérifier.

Voici donc les propositions que je me suis efforcé de résoudre; celles qui touchent à la science en découleront naturellement : *Le père et la mère contribuent-ils pour une part égale à la formation de l'enfant? Y a-t-il un moyen de reconnaître la part que chacun des deux a prise à cette formation?* Sur le premier point, M. Flourens s'est prononcé d'une manière affirmative, bien qu'il ne l'ait appliquée qu'aux animaux de races diverses, et qui ont entre eux quelque rapport de race, tels que le cheval et l'âne ou le zèbre; le chien et le chacal; mais il n'a rien dit qui puisse éclaircir le second point, le plus important relativement au sujet de cette petite étude.

Quelques personnes diront peut-être qu'il est inconvenant, et même imprudent d'agiter une thèse qui peut donner lieu à de tristes interprétations; mais ne peut-elle aussi, dans bien des cas, rendre la paix qu'un mot mal interprété, qu'une accusation malveillante ont pu compromettre ?

En voici un exemple récent :

On parlait dernièrement d'une demande en séparation fondée sur l'espèce d'aveu qu'une femme malade avait fait à son mari, touchant la légitimité d'un de leurs enfants.

On disait que ne pouvant obtenir cette séparation, le mari s'était suicidé, ne se sentant pas la force de vivre avec une femme qui avouait l'avoir trompé.

Or, sans avoir toujours des suites aussi fatales, combien d'exemples pourrait-on citer des malheurs où l'incertitude peut jeter certaines familles ? Combien de crimes ont été commis à la suite d'une dénonciation calomnieuse ?

Et pourtant, dans le cas dont je viens de parler, bien des personnes assurent que rien ne pouvait justifier les doutes injurieux de ce pauvre mari, que l'enfant portait même des traces visibles de son origine paternelle. N'est-il pas probable qu'à l'aide d'observations judicieuses, ce mari, ce père abusé par quelques mots arrachés à la douleur et mal compris, se serait considéré comme très-heureux si on lui eût démontré la fausseté de ses soupçons.

Au reste, cette question longtemps débattue n'a pas encore reçu de solution définitive, du moins à ma connaissance. Or, si les hommes de science ont évité de se prononcer sur ce sujet, c'est qu'il offre, en apparence, de telles difficultés qu'ils ont préféré garder le silence.

J'ai dit : en apparence, car des observations suivies depuis nombre d'années m'ont démontré que cette question n'était pas insoluble, bien qu'elle présente de très-grands obstacles dans l'appréciation des formules à employer pour être compris, sans dépasser les bornes de la bienséance.

Craignant, en vérité, de m'égarer dans la recherche des termes consacrés par la science, je me vois forcé de me servir de ceux qui me paraissent répondre le plus clairement à mon idée. On m'excusera donc si je tiens un langage inconnu de la Faculté ; mes lecteurs ne sont sans doute pas tous au fait des expressions usitées à l'École de médecine et me comprendront mieux.

Je dirai encore qu'une étude complète de la théorie des ressemblances devrait aussi parler des causes d'altérations de la race humaine ; mais forcé de me renfermer dans le cadre que je me suis tracé, je n'en signalerai qu'une, la plus digne d'attention en ce moment ; parce qu'elle touche aux intérêts les plus importants de la société.

On prétend, d'abord, que c'est le plus vigoureux des époux qui reproduit le plus souvent son image.

Cette observation est parfaitement vraie appliquée à la formation des sexes. C'est en effet le parent le mieux conservé, si je puis m'exprimer ainsi, ou, si l'on veut, le moins épuisé par l'âge, la santé, et surtout les excès, qui reproduit le plus son sexe.

Dans les grandes villes et parmi les anciennes familles, les hommes, presque toujours énervés par des plaisirs de toute nature, perdent bientôt la faculté d'engendrer des garçons, et finissent par n'être plus aptes à avoir des enfants viables. De là cette grande mortalité parmi ces petites créatures, qui succombent souvent sans causes bien déterminantes, parce qu'elles n'ont pour ainsi dire pas même la force de vivre.

C'est pourquoi les grands centres de civilisation ne se maintiennent qu'à l'aide des populations rurales qui s'y jettent aveuglément, et renouvellent ainsi le sang épuisé et corrompu des citadins. Il est encore une autre cause de préservation, c'est que, tant que les femmes conservent cette vie chaste et pure qui fait leur gloire, leur seule véritable gloire, et en même temps leur force, il s'opère une espèce de régénération lente mais sûre, et il faut le dire, tout au profit de leur sexe qui devient prédominant par le nombre et par l'énergie.

Malheureusement, les femmes finissent par se laisser entraîner au mal, et perdent avec leur vertu ce magnifique privilége de relever la famille, qui semblait leur avoir été réservé par la nature. Alors, on peut bien le dire, tout espoir de régénération se trouve anéanti pour jamais; le nombre des garçons semble reprendre le dessus, mais on ne tarde pas à lire sur les traits des enfants de l'un et de l'autre sexe, nés dans ces fatales conditions, le triste cachet de l'extinction de la race entière; car lors même que ces petites créatures paraissent fortes et pleines de vie, cette apparente santé cache des causes de désorganisation qui, si elles ne se laissent pas voir dans les premières années de la vie, éclatent tout à coup, lors de l'époque de la puberté et même plus tard encore.

Les statisticiens qui entassent les chiffres pour démontrer que c'est la misère seule qui est la cause de la dépopulation, se trompent donc grandement.

La misère peut et doit nécessairement occasionner la mort d'un grand nombre d'individus, et les gouvernements qui cherchent à tarir cette source d'une infinité de maux se montrent vraiment dignes de leur haute mission; mais ils en seraient plus dignes encore s'ils employaient les immenses moyens de moralisation dont ils disposent à combattre cette autre cause de dépopulation que j'ai signalée, car les conséquences en sont bien autrement dangereuses que celles qui résultent de la pauvreté.

La misère ne tue qu'une faible partie de la population, et c'est celle dont les pertes sont le plus promptement réparées ; tandis que la dépravation des mœurs détruit dans l'homme jusqu'aux sources de la vie. Si elle ne lui enlève pas tout à fait le pouvoir de se reproduire, elle dépose des germes de mort qui amènent promptement l'anéantissement de sa race.

C'est donc cette démoralisation qu'il faudrait atteindre et combattre par tous les moyens possibles. Mais il semblerait qu'on ne se soucie guère de toucher à cette lèpre hideuse : car on laisse se produire sous les yeux du peuple même, tous les exemples de la dépravation la plus complète.

Après ces explications préliminaires, je reviens à la partie principale de mon petit travail.

On a vu que je me trouvais d'accord avec l'un de nos plus savants physiologistes relativement à la première question. Bien qu'il ne l'ait traitée qu'au point de vue de l'union de deux races animales de familles différentes, la question reste la même; l'application seule ne l'est pas.

Il me reste à examiner le second point, qui consiste à savoir s'il y a un moyen de reconnaître la part que le père et la mère ont prise à cette formation.

Dans un grand nombre de cas, il arrive souvent

que, lorsque le père croit pouvoir revendiquer ses droits de paternité, tant son fils ou sa fille lui ressemblent, la mère paraît n'entrer pour rien dans la formation du corps de l'enfant. Et par contre, lorsque ces enfants semblent avoir été modelés uniquement sur celle-ci, on serait tenté de croire que le père est, pour ainsi dire, étranger à leur naissance.

D'après cela, quelques personnes pourraient se figurer que si l'enfant n'a réellement aucun trait de ressemblance avec son père, celui-ci n'a d'autres ressources que de s'en rapporter à la fidélité de sa femme, ce qui ne laisse pas, dans certaines circonstances, d'être assez désagréable.

Eh bien, j'ose dire qu'il est très-rare qu'on ne puisse établir d'une manière irrécusable les droits de paternité. Quant à la mère, je n'aurai point à m'en préoccuper, car elle sait toujours que l'enfant qu'elle vient de mettre au monde est bien à elle ; cependant, comme on a des exemples de substitutions frauduleuses, les mères liront peut-être cet écrit avec autant de profit que les maris.

Voici donc mon explication dans toute sa simplicité.

L'homme est un composé de divers systèmes qui, malgré leur différence extrême, ont entre eux de tels rapports que l'un ne peut subsister sans l'autre, bien qu'ils semblent presque indépendants les uns des autres.

En un mot, ils contribuent par leur ensemble à former l'être humain et concourent également au but de son existence.

C'est d'abord le système osseux, soit la charpente brute qui sert de support aux autres systèmes.

Après la charpente, c'est le système musculaire. Celui ci, obéissant au système nerveux, sert à faire mouvoir la charpente suivant les besoins du corps et la volonté de l'individu qui lui est transmise par les nerfs.

La sensibilité dépend de ce double système.

Ensuite vient le système artériel et veineux.

Invisibles pour ainsi dire, les artères ne décèlent guère leur influence sur le corps humain que par les maladies auxquelles certaines personnes sont sujettes; maladies ou infirmités presque toujours héréditaires. Quant aux veines, un grand nombre d'entre elles se laissent voir à travers le tissu de la peau.

Il y a encore d'autres systèmes dont je ne parlerai qu'en passant, ceux qui viennent se montrer à la surface extérieure du corps, ou qui se manifestent d'une manière sensible à nos yeux suffisent à ma démonstration.

Commençons par le système osseux.

On sait que le plus ou moins de longueur des os ne caractérise point ce système ; leur croissance anormale étant due souvent à des causes particulières. C'est donc leurs formes seules, l'harmonie qui existe entre eux et le système musculaire, qui méritent d'être considérées. On sera de mon opinion si l'on réfléchit qu'à l'âge où le corps prend son développement, une simple maladie ou toute autre cause dont il est inutile de parler ici, peuvent produire un arrêt de croissance des os, ou favoriser outre mesure le prolongement de quelques-uns d'entre eux.

C'est aussi d'après l'harmonie de son ensemble qu'il faut juger le système musculaire, et non par l'état de maigreur ou d'embonpoint du corps.

Parmi les signes extérieurs, la peau elle-même nous offre des particularités extrêmement intéressantes à observer.

Maintenant, avant de formuler la théorie des ressemblances, on comprendra que comme toute théorie, elle peut être sujette à de nombreuses exceptions ; car pour être complète, il faudrait pouvoir pousser les investigations à l'intérieur du corps ; on y découvrirait des analogies qu'on ne peut que soupçonner d'après certains symptômes. Souvent des maladies

2.

transmises par le père seul trahissent la part qu'il a réellement à la formation de l'enfant. Un sang scrofuleux, la phthisie héréditaire, l'épilepsie, la folie même suffisent pour affirmer l'origine de l'enfant, quand ces fâcheuses dispositions ne préexistent pas dans la famille de la mère.

Cela dit, je crois pouvoir poser en principe que, sauf de rares exceptions, lorsque l'enfant est modelé d'après le système osseux de son père, le système musculeux lui a été transmis par la mère. Et par contre; si le système musculeux provient du père, l'enfant aura le système osseux de sa mère.

La démonstration de ce que je viens de dire est facile à établir : la forme de la tête, sa grosseur proportionnelle, la disposition des vertèbres du col, la forme des bras, des jambes, des mains, la longueur relative des pouces et des doigts; en un mot les proportions générales, leur élégance ou leur vulgarité, la finesse ou la grossièreté des os; les pommettes plus ou moins saillantes et les os maxillaires écartés ou rapprochés à leur base; les dents et tout ce qui tient au système osseux présentent autant de signes au moyen desquels ou peut juger si l'enfant appartient au père ou à la mère par ce système.

Il n'est pas moins facile de distinguer ce qui concerne le genre musculaire. C'est de lui que dépend la ressemblance proprement dite, qui existe dans les traits du visage, la forme du nez, des lèvres, vus de profil surtout. Quant aux oreilles, il faut distinguer deux choses très-différentes ; l'une concerne la hauteur où se trouve placée l'ouverture auriculaire, qui dépend du système osseux, et l'autre, la forme même de l'oreille à l'extérieur ; les replis du cartillage, de l'ourlet se rapportant au genre musculaire. Tout cela mérite une attention particulière.

On peut lire de très-curieux détails sur ce sujet dans les mémoires de madame d'Abrantès.

La couleur des yeux, des cheveux, de la barbe, sont des marques distinctives ; cependant, elles ne dépendent pas toujours du même système. La peau, aussi, forme comme un système à part. Sa finesse, sa blancheur, comme son épaisseur et sa nuance brune ne relèvent proprement d'aucun des systèmes dont j'ai parlé, bien que ces signes accompagnent et semblent dépendre tantôt de l'un tantôt de l'autre des deux principaux systèmes.

Si l'on examine attentivement la direction des veines qui serpentent à la partie supérieure des mains, par exemple, on reconnaît que leur mode d'embranchement, leurs entrecroissements sont indépendants de la peau à travers laquelle elles se frayent un passage.

Il n'en est pas de même des dessins que tracent les pores, surtout à la partie inférieure de la main. Leur direction, très-visible et facile à suivre, sans cesse variée d'un individu à l'autre, est à peu près la même dans les deux mains, tandis qu'il est rare de voir la répétition exacte de l'embranchement des veines, la main droite ne répétant pas le tracé de la main gauche exactement.

Il est des personnes chez lesquelles il n'est pas aisé de suivre le dessin des pores, ceux-ci étant plus ou moins sujets à être comprimés et comme effacés, ce qui empêche de distinguer nettement leurs formes et de suivre leurs traces sur le tissu de la peau. Chez les enfants, cette difficulté n'existe pas. Cependant, en prenant quelques précautions on parvient à vaincre cet obstacle et à rendre à la peau toute sa souplesse. On sait que lorsque les mains sont chaudes et moites, le dessin des pores devient plus apparent ; il ressort pour ainsi dire, se gonfle et se détache mieux en relief, de manière à permettre d'en suivre les contours jusque dans leurs plus petits détails.

Voici, à titre d'expérience, un moyen de s'en assurer facile à exécuter. Il suffira donc de plonger les mains pendant quelques instants dans de l'eau chaude pour obtenir le gonflement des pores. Lorsqu'elles sont sèches, on oindra la partie intérieure avec un peu d'encre d'imprimerie, de couleur rouge de préférence. En appliquant cette partie sur un papier blanc, le dessin qu'on reproduira ressort avec une délicatesse de détails inimitable.

Or, ce tracé offre un moyen certain de comparaison, car à moins d'accidents tels que brûlure, déchirure, etc., l'âge et les maladies ne peuvent altérer le dessin originaire. Cette reproduction permet de constater non-seulement l'identité d'origine, mais aussi certains rapports qui ont dû exister entre des familles de races diverses; chaque race ayant l'épiderme et le sous-épiderme conformé d'une façon différente, bien que cette différence ne soit pas sensible à l'œil nu.

Au reste, pour bien faire comprendre ce que j'ai dit sur la théorie des ressemblances, il faudrait pouvoir l'appuyer de nombreux dessins; de figures explicatives, montrant les traits principaux de la physionomie sous la double face du système osseux, dont on pourrait deviner les formes à travers le système musculaire. Puis, on reproduirait les broderies que tracent les pores sur la partie intérieure de la main et même du pied, surtout à l'extrémité des doigts où se dessinent tantôt des lignes concentriques, tantôt plus ou moins courbées et gracieusement ondulées, allant se confondre avec les lignes presque droites qui suivent la longueur du doigt. Le système veineux ne serait point négligé, car ce n'est pas seulement la main qu'il faut examiner, le visage aussi présente ses veines particulières.

Un observateur judicieux et quelquefois profond, Walter Scott, avait aussi fort bien remarqué ces veines de la face, que la moindre émotion fait ressortir, que la colère gonfle et rend, en quelque sorte, hideuses à voir. Dois-je rappeler au lecteur que ce fut le fameux *fer à cheval* qui apparaissait sur le front de Redgauntlet en fureur, qui servit à faire reconnaître son origine? car c'était une marque distinctive dans sa famille.

La nature a donc parfois d'étranges caprices; caprices qui déroutent l'observateur s'il ne pousse ses investigations beaucoup plus loin qu'on ne le fait d'ordinaire.

Personne n'est surpris, par exemple, qu'un enfant soit, pour ainsi dire, fait à l'image de l'un de ses aïeuls paternels ou maternels. On semble moins comprendre qu'il puisse ressembler à ses tantes et oncles, grandes-tantes et grands-oncles, et pourtant, rien n'est plus conforme aux lois de la nature, puisque l'enfant sort de la même race, appartient à la même famille.

Cependant, il est des cas où il faudrait remonter beaucoup plus haut pour découvrir quelque analogie entre lui et les membres de la famille. Comment alors, expliquer le mystère d'une physionomie dont le caractère présente quelque chose d'étranger, un cachet dont le type est ou paraît être nouveau dans la famille ?

Cet effet est dû à la transmission de la race dont un des ancêtres est originaire; transmission noyée, pour ainsi dire, dans le sang d'une autre race sans laisser de traces visibles, mais qui, sous l'empire de certaines circonstances, reparaît tout à coup. Ainsi, on voit des parents d'une physionomie régulière, type européen très-pur, mettre au monde parmi d'autres enfants, un fils ou une fille aux lèvres épaisses, à la chevelure frisée et presque laineuse ; au teint brun, trahissant une origine africaine. Cela paraît nexplicable et donne lieu parfois à de pénibles suppositions. Mais si l'on remonte à quelques générations plus haut, on découvre l'origine de cette anomalie. Et cependant, malgré ces apparences étrangères, on retrouve toujours quelques-uns des signes révélateurs dont j'ai parlé plus haut. C'est donc au

lecteur intelligent à faire l'application des préceptes
que j'ai donnés, lorsqu'il rencontrera l'un de ces cas
exceptionnels.

Je me souviens d'avoir vu d'ancien manuscrits où
se trouvait représenté le cachet naïf de quelques rois
ou chefs de nation parmi lesquels l'art d'écrire n'était
pas en usage. Ce cachet consistait tout simplement
dans l'empreinte d'un ou plusieurs doigts, et même
de la main entière.

Trempés dans l'encre, et apposés au bas d'une
ordonnance, cette main ou ces doigts laissaient des
traces indélébiles et inimitables, que le plus habile
faussaire n'aurait pu reproduire. J'ai déjà parlé de
l'application qu'on peut faire de ce procédé.

Au reste, je conviens qu'il est fort difficile, à l'œil
nu, de démêler parmi ces dessins variés à l'infini,
ainsi que parmi ce réseau de veines qui présentent
des similitudes désespérantes avec des personnes de
famille différente, ce qui provient réellement du père
ou de la mère, car ces apparences peuvent parfois
induire en erreur.

Aussi, je n'ai point dit qu'il fallait s'en tenir au système veineux et a la disposition des pores; ce ne
sont que des indices de plus à ajouter aux autres. Mais
leur ensemble fait preuve. Or, si en justice un seul

témoignage ne suffit pas, deux ou trois témoins qui viennent affirmer le même fait font aussitôt pencher la balance.

On sait que, de même qu'on ne trouverait pas sur un chêne deux feuilles exactement pareilles, on ne voit pas deux personnes conformées exactement l'une comme l'autre. Mais aussi, comme pour le chêne dont un botaniste reconnaîtra la feuille entre mille feuilles d'arbres différents, quoique du même genre, il y a dans la distribution des veines et dans le tissu de la peau un air de famille entre l'enfant et l'un des parents qui n'existe pas vis-à-vis de l'autre. C'est à peu près comme si l'on comparait la contexture de la feuille du chêne avec celle du hêtre ou de l'orme ; bien que les ramifications soient disposées à peu près de même chez la première comme chez les autres ; cet *air de famille* n'existe pas.

J'ai l'espoir que ces explications suffiront ; cependant ma tâche ne serait pas remplie si j'en demeurais là.

Il est encore une question très-délicate, très-controversée, dont je ne puis me dispenser de dire quelques mots, car elle touche directement à la théorie des ressemblances. Il s'agit des mariages consanguins auxquels on attribue des inconvénients tellement graves, des suites si funestes, que l'autorité a cru devoir en faire l'objet d'une espèce d'enquête. J'ignore si ces informations ont eu quelques résultats ; mais je pense qu'au fond, il y a beaucoup d'exagération dans toutes ces accusations, et qu'on prête faussement aux mariages consanguins une dégénération qui a sa source dans des causes bien antérieures. Ces alliances entre proches parents ne font que hâter les conséquences inévitables d'un état de choses très-fâcheux, mais ne peuvent en être ni la cause directe ni l'origine.

Il est constant que lorsqu'une famille est entachée de certains vices du sang ; que ses membres sont parfois sujets à de certaines infirmités, de certaines désorganisations latentes, que des circonstances particulières peuvent développer rapidement, l'union de personnes affectées de semblables désordres ne peut que donner de funestes résultats. Dans ces cas-là, les mariages consanguins devraient être sévèrement prohibés, car c'est à la fois perpétuer le mal et l'aggraver encore si cela est possible.

Tout le monde comprendra que les enfants de deux personnes prédisposées à de certaines infirmités doivent nécessairement se ressentir fortement des prédispositions de leurs parents.

D'après cela, on peut conclure hardiment que ce

n'est point la consanguinité par elle-même, qui est la cause des maux qui affligent les familles où ces unions entre proches parents sont habituelles.

Mais, ainsi que je l'ai dit, ces causes sont souvent à l'état latent, c'est-à-dire non apparent. Tel beau jeune homme, qui semble doué d'une santé robuste, porte en lui les germes de maladies héréditaires ; son sang vicié ne l'est point assez peut-être pour arrêter le cours d'une existence honnête et sans excès ; s'il se marie à une jeune fille d'un sang pur, ses enfants seront à peu près exempts de toute infirmité d'origine ; mais s'il prend une femme dans sa propre famille, ayant les germes des mêmes infirmités que lui, il est à peu près certain que leurs enfants se ressentiront cruellement de cette double influence maladive.

Qu'y a-t-il de surprenant dans ce fait, que deux personnes plus ou moins entachées des mêmes vices du sang, possédant les mêmes prédispositions défectueuses, les transmettent à leurs enfants avec plus d'intensité encore ? Mais, ainsi que je l'ai dit plus haut, on ne peut en accuser la consanguinité elle-même, qui demeure hors de cause.

Depuis des milliers d'années, le lionceau du désert prend pour compagne sa propre sœur ; la plupart des animaux sauvages en font autant. Or, les naturalistes sont d'accord sur ce point, que ces espèces n'ont pas dégénéré depuis les époques les plus reculées, malgré la continuité des unions consanguines, si l'on peut s'exprimer ainsi en parlant des races animales.

Mais si cette preuve ne suffit pas, il en est une autre qu'on ne saurait récuser ; c'est celle que nous offre le peuple juif. La race pour laquelle Moïse fit ce code d'une si extrême sévérité, pratiquait déjà depuis des siècles l'usage des mariages consanguins. Or, ce peuple ne s'est pas mal trouvé de ce régime, car il n'est pas de race plus féconde, plus vivace que celle des enfants d'Abraham. Malgré son contact avec les gens de toutes nations parmi lesquels elle vit, elle s'est conservée presque aussi forte et d'un caractère aussi tranché qu'aux temps des patriarches.

Les Juifs doivent en grande partie cet avantage à l'espèce d'isolement où leur religion les maintient, du moins en ce qui concerne le mariage. Pour être juste, il faut dire aussi qu'ils observent le septième commandement avec beaucoup plus de rigueur que les chrétiens, tenus aux mêmes prescriptions sous ce rapport ; mais ceux-ci, presque jaloux, pour la plupart, d'imiter les Romains de la décadence, ne paraissent guère se soucier de leur postérité ; ils jouissent du présent sans s'inquiéter de l'avenir. Aussi, n'est-

ce pas à ces chrétiens-là que s'adresserait cette parole :
« Je multiplierai votre race comme les étoiles du ciel
» et comme le sable qui est sur le bord de la mer ! »
Mais bien celle-ci : « Les fautes des pères retombe-
» ront sur leurs enfants. »

Du reste, ce n'est point parmi les Juifs qui habitent
les grandes villes qu'il faut chercher des types sains et
robustes ; c'est dans les campagnes et les bourgades
isolées, c'est dans les contrées où ils vivent entre eux,
séparés pour ainsi dire, des peuples parmi lesquels
ils se trouvent.

Maintenant, considérés sous le rapport de la théorie des ressemblances, il faut avouer que les mariages consanguins rendent l'observation des signes
dont j'ai parlé moins sensibles à première vue. Et en
effet, l'origine du père et de la mère étant à peu près
la même, les différences caractéristiques si frappantes
dans certains cas, semblent s'effacer, se confondre
et ne se présentent plus d'une manière aussi tran-
chée.

C'est alors qu'il faut observer attentivement toutes
les marques distinctives dont j'ai donné un aperçu.

Une de ces marques sur lesquelles je ne me suis
pas assez étendu, consiste dans la disposition du cuir
chevelu ; la place qu'il occupe sur la tête, formant

tantôt comme une espèce de calotte qui laisse le front très-découvert et ne descend pas même jusqu'au cou, celui-ci se laisse voir par derrière dans toute sa laide nudité ; tantôt il couvre une partie du front, ou bien descend presque jusque sur le dos. Ces deux dispositions sont également fâcheuses, quoiqu'elles paraissent avoir été en honneur chez les Grecs. Leurs Vénus sont représentées avec le front bas ; les cheveux prenant naissance à deux doigts seulement au-dessus des yeux.

Je dirais en passant, que ces dispositions du cuir chevelu s'éloignent également du type de beauté généralement admis aujourd'hui.

Et, en effet, il n'y a rien qui donne à la physionomie un air plus commun que cette espèce de calotte chevelue, allant d'une oreille à l'autre, sans marquer ce que les peintres désignent souvent sous le nom de points de beauté. Ceux-ci sont en général au nombre de cinq, très-rarement de sept, formant une espèce de dentelure dont la fameuse mèche occupe le centre. Les deux dernières dentelures descendent gracieusement le long des oreilles ; chez les hommes, elles se confondent avec les favoris qui en sont comme le prolongement.

Il en est de même sur la partie postérieure de la

tête. Le cuir chevelu, soit qu'il descende fort bas, soit qu'il s'arrête à la naissance du cou, doit aussi présenter ses dentelures. Les lignes droites tranchées ou confuses manquant à la fois d'élégance et de distinction.

D'après cela, on serait tenté d'attribuer les affreuses modes que les femmes ont adoptées, depuis nombre d'années, au désir de cacher sous des coiffures ridicules et impossibles, ou sous des masses de cheveux d'emprunt, l'absence de tout signe distinctif de beauté et de race.

Cependant, on aurait tort de présenter comme preuve de noblesse d'origine ce qui n'est qu'un signe de race, ainsi que je l'ai lu quelque part dans les écrits d'un de nos spirituels chroniqueurs, dont les prétentions nobiliaires s'arrangeaient peut-être fort bien de la disposition particulière de son cuir chevelu.

Au reste, la vraie noblesse, la seule dont on puisse être fier, est celle des sentiments. Celle-ci ne provient pas des hasards de la naissance, elle a une origine plus haute. Quelle que soit la beauté ou la laideur de celui qui en est doué, il en porte l'empreinte sur sa physionomie.

Quant à celle qui fait partie de l'héritage paternel, comme elle prend sa source dans toutes les classes de la société, elle aurait mauvaise grâce à renier son origine roturière et à se parer des avantages qui tiennent uniquement à la race.

Des démonstrations qui ne sont point appuyées de dessins explicatifs, paraîtront sans doute bien faibles pour aider à constater l'identité d'un enfant qu'une nourrice insouciante ou coupable, aurait pu changer contre un autre du même sexe : mais n'est-ce pas déjà un jalon précieux pour arriver à la vérité tout entière ?

Et d'un autre côté, malgré leur faiblesse, ne sont-elles pas de nature à rendre aussi la paix à plus d'un ménage troublé par d'injustes soupçons? S'il en est ainsi je me sentirai fort envers certaines susceptibilités que j'aurais pu involontairement blesser, en songeant qu'il est, par contre, bien des personnes qui auront à se féliciter d'avoir trouvé dans cet écrit des motifs suffisants de calme et de tranquillité.

Comme j'ai dit que la théorie des ressemblances avait aussi une partie scientifique et historique fort intéressante, je dois ajouter encore quelques pages à cet écrit, afin de justifier mes assertions.

Ne serait-il pas extrêmement curieux de suivre ce procédé dans les recherches sur l'origine de certains peuples? On parviendrait peut-être à retrouver des traces de cette origine que les savants ont grand'peine à établir à l'aide de la linguistique ; traces que des marques visibles rendraient moins problématiques. On pourrait remonter à celle des tribus errantes dites bohémiennes, et à celle des montagnards de la vallée d'Haasli (canton de Berne). Il est une tradition qui veut qu'une colonie des anciens habitants de la Suède soit venue s'établir dans ces montagnes.

On dit que les Bretons et les habitants du pays de Galles ont une même origine ; il serait aisé de s'en assurer. Si aux vestiges de langage et de coutumes qui leur sont communes, on pouvait ajouter d'autres indices, ces traditions en acquerraient un plus grand degré de certitude.

Les Basques descendent, à ce qu'on prétend, d'une peuplade asiatique. Or, les signes transmis de génération en génération ne s'effacent guère complétement. Les physiologistes pourraient apercevoir des analogies qui viendraient en aide aux traces qu'on retrouve dans leur langage.

Il ne serait pas impossible non plus de remonter à l'origine de certaines peuplades, en comparant les signes caractéristiques qui existent entre elles et les nations dont on croit qu'elles descendent.

Ainsi, les historiens donnent comme probable que

les Mexicains et les Péruviens ont dû leur civilisation avancée, telle qu'elle existait déjà lors de la conquête des Espagnols, à des colonies chinoises. Mais ces probabilités deviendraient des certitudes si on pouvait démontrer qu'il existe en effet des signes corrélatifs entre elles.

Ne serait-il pas très-intéressant de pousser cette étude des signes caractéristiques des races jusque parmi les habitants des grandes villes, peuplées de gens d'origines si diverses?

On voit que ces observations s'étendent plus loin qu'on ne se l'était figuré. Eh bien, ainsi que je l'ai dit, judiciairement encore elles ne seraient pas à dédaigner. J'ai déjà parlé de l'échange des enfants au berceau; échange qui se reproduit assez fréquemment, et dont jusqu'à présent on ne possédait nul moyen de contrôler la réalité; le célèbre jugement de Salomon étant contraire à nos mœurs ne pourrait plus être répété. C'était d'ailleurs un cas très-simple, tandis que les substitutions, telles qu'on les pratique aujourd'hui sont entourées de circonstances beaucoup plus difficiles à débrouiller. L'épée du sage monarque ne servirait de rien.

Il est encore des substitutions de personnes dont les conséquences sont bien autrement importantes,

et que la justice est tout à fait impuissante à reconnaître et à punir.

De tout temps il s'est présenté des prétendants à
des couronnes quelconque, ainsi qu'à de simples
héritages.

Il y a eu de faux Démétrius, de faux don Sébas-
tien, de faux dauphins, sans compter une multitude
de vulgaires imposteurs.

Combien il eût été facile de convaincre ces ambi-
tieux d'imposture ! Ceux qui n'auraient pu montrer
aucun des signes dont j'ai parlé, signes caractéristiques qu'on ne peut ni contrefaire, ni effacer, ne se
seraient jamais exposés à des épreuves aussi redouta-
bles, car un très-léger examen suffit pour détruire les
tromperies les plus habilement ourdies.

On peut voir d'après ce simple exposé de la théorie
des ressemblances, qu'elle offre non-seulement un
intérêt de curiosité très-réel, mais que son étude
sérieuse pourrait être enfin, dans certain cas, d'une
utilité incontestable.

PARIS. — IMPRIMERIE VALLÉE, 15, RUE BREDA.

BIBLIOTHEQUE NATIONALE DE FRANCE
3 7531 03987104 2